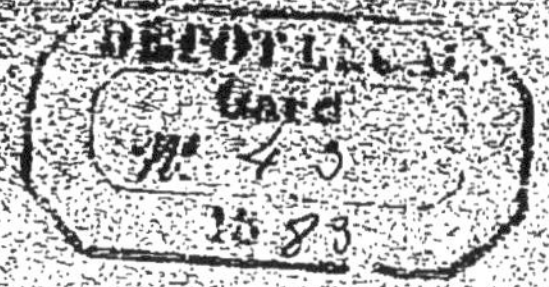

LE MONASTIER
DE TORNAC

ÉTUDE
ARCHÉOLOGIQUE ET HISTORIQUE

PAR

G. CHARVET

Membre de l'Académie de Nimes, de la Société Archéologique de Montpellier,
et de la Société Scientifique et Littéraire d'Alais,
Correspondant
du Ministère de l'Instruction publique pour les travaux historiques.

(Extrait du *Bulletin de l'Art Ch*...

NIMES
IMPRIMERIE ADMINISTRATIVE P. JOUVE
Rue Dorée, 24, près le Lycée.

1883.

LE MONASTIER DE TORNAC

Lk[7]

LE MONASTIER
DE TORNAC

ÉTUDE
ARCHÉOLOGIQUE ET HISTORIQUE

PAR

G. CHARVET

Membre de l'Académie de Nimes, de la Société Archéologique de Montpellier,
et de la Société Scientifique et Littéraire d'Alais,
Correspondant
du Ministère de l'Instruction publique pour les travaux historiques.

(Extrait du *Bulletin de l'Art Chrétien*)

NIMES
IMPRIMERIE ADMINISTRATIVE P. JOUVE
Rue Dorée, 24, près le Lycée.

1883.

LE MONASTIER DE TORNAC

D'aquèu mounastié, quau counèis l'istòri ?
Quau n'a vist la glòri
E nous la dira ?
Chasco pèiro parlo à quau saup l'entèndre,
Reviéutant di cendre
Çò qu'es enterra.

De l'antico gleiso, aro esbarboulado,
Li lauso chaplado
An garda li pas
Di mounge que, liuen di brut de la terro,
Vivien dins l'espèro
De l'eterno pas.

Li vese prega, sourne e melancòni,
Ause la sinfòni
De l'orgue, mesclant
Sa superbo voues au recit di saume,
Respire lou baume
De l'encèns brulant !

Léontine Goirand, *Li Risènt de l'Alzoun*,
Permenado à Sant-German.

De ce monastère, qui connaît l'histoire ? — Qui a vu sa splendeur et nous la dira ? — Chacune de ses pierres parle à qui sait l'entendre, — ravivant de ses cendres — ce qui y est enseveli.

De l'antique église, maintenant effondrée, — les dalles hachées — ont gardé (la trace) des pas — des moines qui, loin des bruits de la terre, — vivaient dans l'espérance — de l'éternelle paix.

Je les vois prier, graves et mélancoliques ; — j'entends les symphonies de l'orgue, mêlant — sa voix superbe au chant des psaumes ; — Je respire le parfum — de l'encens brûlant !

LE

MONASTIER DE TORNAC

ÉTUDE

ARCHÉOLOGIQUE & HISTORIQUE

« Nous ne savons pas de joie plus douce que celle de l'archéologue qui, à force de patientes investigations, parvient à dissiper une partie de l'obscurité qui couvrait le berceau de quelque vénérable débris des siècles passés. A mesure qu'il avance dans l'étude de l'antique édifice, il lui semble que la lumière circule plus abondante, sous les longues arcades, que les ruines présentent une physionomie moins triste et moins désolée, que la solitude cesse peu-à-peu, que la ruche se peuple et bourdonne.... Et puis, le château féodal, le vieux cloître, finissent par lui apparaître comme dans un rêve, vierges encor des outrages de l'homme et des atteintes du temps (1). »

Ainsi s'exprime, en tête d'une étude historique sur le monastère de Tornac, un homme de goût, d'esprit et de cœur, que nous avons l'honneur de compter au nombre de nos amis. On ne saurait certainement mieux dire, et nous nous serions bien gardé de revenir sur un sujet si bien traité déjà, si, depuis la publication de cette étude, dont la date remonte à trente-six ans en arrière, des circonstances particulières n'avaient mis sous nos yeux plusieurs documents inédits, au moyen desquels nous avons pu ajouter quelques nouveaux traits au tableau qui nous a servi de modèle.

---

(1) César Fabre, *Mémorial du Gard*, nº du 20 septembre 1846. Ce journal, fondé à Alais, le 23 mars 1845, avait succédé au *Mémorial d'Alais*.

***

Quand on sort d'Anduze, au midi, dans la direction de Saint-Hippolyte-du-Fort et du Vigan, on suit, sur un parcours de trois kilomètres environ, la route nationale, n° 107, de Nimes à Saint-Flour, qui se développe, sur cette région, parallèlement à la rive droite du Gardon. Vers le milieu de cet intervalle, se cache, dans un pli de colline dolomitique, au milieu des arbres verdoyants qui l'ombragent, la fraîche villa de Veyrac, habitée par les descendants d'une des branches de la famille de Fontanes, à laquelle appartenait, sous le premier empire, le grand-maître de l'Université, l'intime ami de Chateaubriand. C'est là, entre Anduze et Veyrac, que, vers 1815, séjourna, pendant près de trois ans, dans la ferme de la Figuière, un des plus fervents disciples de Jean-Jacques Rousseau, M. de Senancour, l'auteur d'Obermann, ce frère tragique des Werther et des René.

La route se poursuit jusqu'au hameau de la Madeleine, que dominent, de leur masse imposante, les ruines pittoresques du château de Tornac. Cet édifice romantique, surmonté par sa grande tour romaine, se campe fièrement sur l'un des derniers contreforts oxfordiens qui délimitent, sur ce point, les bords de l'antique mer jurassique, et commande l'étroit défilé par lequel on débouche dans la plaine de Tornac.

Le territoire de cette commune se développe suivant une plaine circulaire de deux kilomètres environ de diamètre, arrosée, dans le sens de sa plus grande longueur, par la petite rivière de l'Ourne, l'antique VRNIA des Romains, et encadrée par un rideau de collines arrondies, qui s'ouvre largement, dans la direction d'Atuech.

La rivière de l'Ourne prend naissance près de Saint-Félix-de-Paillères, suit la vallée étroite, encaissée entre les deux collines de Saint-Martin-de-la-Calm et de Taupessargues, débouche dans la plaine à proximité du *Monastier*, siége de l'ancien prieuré de Tornac, et traverse cette plaine de part en part, jusqu'à son confluent avec le Gardon d'Anduze, en amont d'Atuech.

Le territoire de Tornac est borné : au Nord , par celui d'Anduze ; au levant, par le Gardon et les territoires de Boisset-et-Gaujac et de Massillargues-Atuech ; au midi, par celui de Saint-Nazaire-des-Gardies ; au couchant, par ceux de Durfort et de Saint-Félix-de-Pallières. Cette localité n'a pas de chef-lieu proprement dit.. Elle se compose de l'ensemble des hameaux dits: Le Castelas, La Madeleine, Le Trial, La Figuière, La Flavarderie, Laucire, Le Solier, Aures, Le Sucarel, La Sabatière, La Molière, La Canau, Barbusse, Nazary, La Grenouille, Le Rey, La Roque, L'Église ou Saint-Pierre-de-Sivignac, le Mas-du-Pont, Ortoux, Aspère, Bouzène, Taupessargues, qui servit de refuge, en 1815, au général Gilly, et enfin *Le Monastier*, qui fut jadis le siége de l'ancien prieuré de Tornac.

Tornac doit sa dénomination à la grosse tour carrée qui surmonte les constructions ruinées du château du même nom. On sait que cette tour, d'origine romaine , et isolée dans le principe, a donné son nom à la commune : *Tornac*, c'est-à-dire « le lieu de la Tour ; » et tout fait supposer, que cette construction antique fut jadis , comme la Tour-Magne , à Nimes , la tour Matafère , près d'Aiguesmortes , et les tours isolées de Durfort, de Cendras, etc., une tour à signaux semblable à celles qui portent de nos jours encore, dans notre région , les noms caractéristiques de La Fare et de La Farelle (1).

---

(1) Les dénominations de La Fare, La Farelle, viennent évidemment du grec *Pharos* — phare , — nom d'une île voisine de la côte d'Egypte, où fut élevée la tour appelée depuis Phare d'Alexandrie, et qui désigne encore aujourd'hui , comme dans l'antiquité , une tour où l'on allume des feux pendant la nuit.

On sait d'ailleurs que, dans Eschyle, c'est par une sorte de télégraphe aérien du même genre que la nouvelle de la prise de Troie parvient à Clytemnestre : un feu allumé d'île en île, fait connaître, en quelques heures, la grande nouvelle jusqu'à Argos.

La communauté de Tornac faisait autrefois partie de la viguerie d'Anduze et du diocèse de Nimes, et, plus tard de celui d'Alais, archiprêtré d'Anduze. Cette localité ne se composait que d'un feu et demi en 1384. S. Baudile était et est encore le patron de la paroisse.

La communauté de Tornac avait pour armoiries : *d'argent, à trois tours de gueule, rangées sur une terrasse de sinople.*

Le monastère de Tornac, dont l'origine se perd dans la nuit des temps, paraît remonter au-delà du VIIIme siècle. Ruiné à cette époque par les Sarrasins, il se relevait, en 808, lorsque Charlemagne la prit sous sa protection, à la prière de Chrétien, évêque de Nimes, qui obtint un diplôme par lequel ce prince prenait sous sa protection la cathédrale de cette ville et mettait sous sa sauvegarde deux petites *celles* ou monastères du diocèse de Nimes, dont l'évêque jouissait, et qui étaient : l'une, Saint-Étienne-de-Tornac, et l'autre, Saint-Pierre, de la vallée Flavienne, qui paraît avoir été le noyau de l'abbaye de Saint-Gilles (1).

Le 28 novembre 814, Louis-le-Débonnaire confirma, en

---

(1) L. Ménard, *Histoire de la ville de Nimes*, t. I, livre 2, p. 115 et *Histoire générale de Languedoc*, édit. Privat, t. V, preuves, *Chronique de Nimes*, col. 28.

Les statuts de l'abbaye de Saint-Gilles régissaient aussi le monastère de Tornac :

« Item, cum aliquis monachus moritur, ejus vestes, per camerarium in capitulo portantur, et plus offerenti monacho causa missarum celebrandarum, vel aliorum piorum operum, traduntur ; quod dictus dominus abbas contradicit, imò vestes monachorum famulis suis, pro suæ libito voluntatis, distribuit ; ordinamus, juxta ordinationem alias super hoc factam per dictum priorem de Tornaco, quod fiat eo modo quo in dicto articulo sive capitulo continetur, ex quo ita est fieri consuetum, et prout consuetidinibus monasterii noscitur contineri. » (Ménard, *Histoire de la ville de Nimes*, t. I, preuves, p. 33, col. 1 et 2.

faveur de l'Église de Nimes et du même évêque, la possession du monastère de Tornac, consentie par son père en 808 (1).

Ces deux documents nous apprennent que, dès son origine, le monastère de Tornac fut sous la dépendance des évêques de Nimes, dépendance qui fut d'ailleurs confirmée en 858, en 909, en 929 et le 10 décembre 1156, par des bulles des papes Nicolas Ier, Serge III, Jean XI et Adrien IV, en faveur des évêques de Nimes Isnard (2), Hubert (3), Rainard (4) et Adalbert d'Uzès (5).

*
* *

Dès le commencement du Xme siècle, la congrégation des bénédictins de Cluny avait été fondée par Bernon, abbé de Gigny, et douze religieux de l'ordre de Saint-Benoît.

L'institution fut régularisée par Odon, successeur de Bernon, et, dès le XIIme siècle, deux mille maisons de cette congrégation existaient déjà, tant en France que dans le reste de l'Europe et même en Orient, sous la direction suprême de l'abbé de Cluny, qui prit la qualification *d'abbé des abbés* et *d'archi-abbé.* Les monastères dépendants de la métropole ne portaient que le simple titre de *prieurés.*

---

(1) « ...... Cum cellulis duabus : una que dicitur Tornagus, que est constructa in honore sancti Stephani prothomartyris, et alia que dicitur Vallis Flaviana que est in honore sancti Petri principis apostolorum constructa. » *Histoire générale de Languedoc*, édit. Privat, t. I, p. 940-941 et t. II, preuves, col. 93.

(2) Bréviaire de Nimes. — Ménard, *Histoire de Nimes*, t. I, p. 118. — *Gallia Christiana*, t. VI, p. 430.

(3) Bréviaire de Nimes. — E. Goiffon, *Catalogue des évêques de Nimes*, p. 14 et 15.

(4) Bréviaire de Nimes. — E. Goiffon, *Catalogue des évêques de Nimes*, p. 15.

(5) Bréviaire de Nimes.— E. Germer-Durand, *Cartulaire de Notre-Dame de Nimes*, charte CCXIII, p. 337.

Les monastères bénédictins de Tornac et de Cendras, — ce dernier surtout, — firent pourtant exception à cette règle (1), et furent quelquefois désignés dans les chartes sous le titre d'abbaye (2). A partir du XIIme siècle, on ne trouve pourtant plus Tornac désigné que sous la qualification de *monastère* ou de *prieuré*, tandis que le titre d'abbaye persiste pour Cendras jusqu'à la fin du XVIIIme siècle (3).

***

Les Bénédictins nous montrent le pape Gélase II contraint de fuir l'Italie, à la suite d'un soulèvement provoqué contre lui par l'empereur d'Allemagne, Henri V ; partant de Pise, dans les premiers jours de novembre 1118 ; arrivant à Saint-Gilles le 7 novembre ; dédiant, quelques jours après, les églises de Sainte-Cécile-d'Estagel (4), de Saint-Sylvestre-de-Teillan (5), et, le 8 décembre, celle de Saint-Étienne-de-

---

(1) G. Charvet, *l'abbaye de Cendras*, p. 1.

(2) *Histoire générale de Languedoc*, édit. Privat, t. V, preuves. — *Chronique de Nimes*, col. 28.

Il est pourtant dit expressément, dans la *Bibliotheca Cluniacensis*, col. 1727 : « Prioratus (et non abbatia) de Tornaco, Nemausensis diœcesis, ubi debent esse, priore computato, quindecim monachi, et debent ibi celebrari quotidie tres missæ cum nota, et debet fieri ibidem eleemosyna continue, et ante unionem Prioratus de Buxetis, non erant nisi tredecim monachi, priore computato, sed propter dictam unionem fuerunt additi duo monachi, qui olim morabantur in dicto prioratu. »

(3) L'abbé de Cendras avait en outre le privilége de la crosse et de la mitre. Voir G. Charvet, *l'Abbaye de Cendras*, p. 1.

(4) Sainte-Cécile-d'Estagel, église ruinée située sur le territoire de Saint-Gilles. Ce prieuré rural dépendait de l'archiprêtré de Nimes, mais il était à la collation de l'abbé de Saint-Gilles.

(5) Saint-Sylvestre-de-Teillan, église détruite de la commune d'Aimargues. Ce prieuré, qui valait 3.000 livres, fut uni, en 1694, à la mense capitulaire de la cathédrale d'Alais, mense d'Aiguesmortes.

Tornac, dont il fixa les limites par des bornes divisoires qu'il fit planter en sa présence ; retournant à Saint-Gilles, où il reçut saint Norbert, fondateur de l'ordre des Prémontrés, et se rendant à Maguelone, à la fin de novembre, où Suger, le futur abbé de Saint-Denis, vint le trouver de la part du roi Louis-le-Gros.

Gélase tomba malade à Maguelone, vint quelques jours après à Alais, où, le 10 décembre, il consacra Pierre, évêque de Saragosse (1), en présence de plusieurs évêques et de Pons, abbé de Cluny. Le même jour, il écrivit, d'Alais, aux chrétiens occupés au siége de Saragosse, tant pour approuver le choix qu'ils avaient fait d'un évêque, qu'il leur renvoyait après l'avoir consacré, que pour les exhorter à continuer leur entreprise contre les infidèles.

D'Alais, il se rendit à l'abbaye de Saint-André-du-Puy-Andaon (2), en face d'Avignon, où il dédia, le 13 décembre, l'église qu'on venait d'y édifier ; séjourna à Avignon où il donna une bulle le 16 décembre ; donna, quatre jours après,

---

(1) Saragosse fut assiégée et prise, en 1118, sur les maures, par Alphonse Ier d'Aragon.

(2) Les Bénédictins conduisent Gélase, d'Alais au Puy-en-Velay, et nous le montrent, deux jours après son départ d'Alais, consacrant l'église du monastère de Saint-André-du-Puy-Andaon, ce qui est matériellement impossible. Il ont évidemment confondu le Puy-Andaon, près de Villeneuve-lez-Avignon, avec le Puy-en-Velay.

L'extrait suivant de l'itinéraire du pape Gélase II, publié par Migne, d'après le *Regesta pontificum* de M. Jaffé, prouve d'ailleurs que ce pape n'a jamais passé par Le Puy.

2 octobre 1118.................................... Pisis.
23 octobre 1118.................................... Massiliæ.
7 novembre 1118........................ apud S. Ægidium.
17 novembre 1118,........................ apud Magalonam.
8 décembre 1118.................................... Tornaci.
10 décembre 1118.................................... Alesti.
(13 décembre 1118, il dédie l'église de St-André-du-Puy-Andaon).
16 décembre 1118.................................... Avenioni.
20 décembre 1118.................................... Aurasicæ.

une nouvelle bulle à Orange ; poursuivit sa route par Lyon et Mâcon ; fut atteint d'une pleurésie en arrivant dans cette dernière ville et se fit transporter à l'abbaye de Cluny, où il expira le 29 janvier 1119.

***

Le Monastier de Tornac est assis sur la rive gauche de l'Ourne, au point où ce cours d'eau débouche des gorges de Taupessargues pour se dérouler dans la plaine, jusqu'à la rencontre du gardon d'Anduze, — rive gauche.

Les constructions de l'antique couvent bénédictin ont presque entièrement disparu ; une maison de maître et des bâtiments de ferme, appartenant aujourd'hui à M. Numa Charles, ancien professeur de langue allemande à l'ancien lycée Bonaparte, maintenant lycée Fontanes, s'élèvent sur leur emplacement primitif, dont ils ne paraissent point avoir conservé la complète ordonnance. Des anciennes constructions, l'église seule de *Saint-Étienne*, consacrée par Gélase II, subsiste en partie. Le mur latéral du nord, la façade et l'abside, convertie en grenier à foin, sont encore debout ; mais la voûte, la toiture et le mur latéral du midi, ont complètement disparu.

Cette église venait, sans doute, à peine d'être achevée, quand Gélase la consacra, en 1118, car sa structure porte le caractère architectonique des monuments religieux du XIme et du XIIme siècle, qui signale, dans le Midi, la phase primaire ou progressive de la période romane secondaire.

L'édifice est construit en pierre de taille de grand appareil, provenant des bancs de calcaire oxfordien des carrières voisines de la Madeleine. L'abside contient pourtant quelques ouvrages de détail, dans lesquels on a employé le calcaire crétacé qui émerge en face du Monastier, sur la rive opposée de l'Ourne.

La nef centrale de l'église Saint-Étienne présente une longueur intérieure de 20^m^40, sa largeur est de 6^m^34. Si l'on ajoute à la longueur de la nef, la profondeur de l'abside, composée d'une partie carrée de 3m90 et d'une portion demi-circulaire de 2m75 de rayon, on obtient, pour la longueur intérieure totale de l'église 27m05.

Le chevet de l'abside est intérieurement orné d'une série de sept arcatures de 2m10 de hauteur et de 0m70 de largeur, dans lesquelles alternent trois baies romanes de 0m27 d'ouverture. Les cintres de ces arcatures étaient autrefois soutenus par des colonnettes dont les fûts ont disparu, mais dont il reste deux ou trois élégants chapiteaux à feuilles d'acanthe.

Deux nefs latérales formaient les bas-côtés de l'église. Elles avaient 3m23 de largeur, soit la moitié de celle de la nef principale. Au dessus de celle du nord, régnait une terrasse ou galerie servant de promenoir d'été. De ce côté, le mur latéral de la grande nef s'élevait au-dessus de la terrasse, et il était extérieurement orné d'une série de modillons surmontés d'arcatures saillantes, qui régnent également tout autour et au dessous de la corniche de l'abside.

La nef latérale opposée n'était pas surmontée d'une terrasse ; mais un portail, percé dans le mur méridional, permettait de pénétrer dans l'église de ce côté, par la galerie de l'ancien cloître qui s'étend au midi de l'église, et dont les amorces sont encore visibles dans la cour qui précède la maison actuelle. Cette cour occupe exactement l'emplacement du cloître.

Le chevet de chacune des nefs latérales est formé par un mur vertical. A la partie supérieure de celui de droite on remarque entaillée, à 0m12 de profondeur dans la pierre, une croix renversée de 0m95 de hauteur sur 0m57 de largeur, évidée dans toutes ses parties sur 0m17 de largeur.

Le portail, aujourd'hui muré, qui donnait entrée dans l'église, présente une ouverture demi-circulaire de 2m56 de diamètre, dans sa moindre largeur. L'archivolte se compose d'une succession de quatre bandeaux superposés, dont les diamètres augmentent progressivement de 0m44 centimètres, de manière à présenter successivement l'un sur l'autre, une retraite ou un ressaut de 0m22 centimètres de largeur. Le dernier bandeau, qui se détache en relief sur le parement extérieur du mur de façade, est aussi le plus grand et le seul ornementé. Il se compose d'une légère moulure formant corniche, soutenue par un ornement denticulé, qui se détache, en bas-relief, sur le panneau plat de l'archivolte. Cet ornement est reproduit sous le cordon qui règne sur toute la largeur de la façade, à deux mètres environ au-dessus de l'extrados du portail. Sur ce cordon s'appuie une grande baie romane, dont l'archivolte, de 0m65 de rayon, est supportée par des piédroits élancés, de 1m50 de hauteur. L'entablement supérieur de l'édifice a complètement disparu.

Un fragment de fût d'une des quatre colonnes qui ornaient le portail principal de l'église a été conservé ; il est en calcaire blanc crétacé et présente 0m61 de pourtour.

La voûte de l'édifice était en berceau et divisée en quatre parties par des arcs doubleaux. L'entrée de l'abside est marquée par un pilastre carré de 0m80 d'épaisseur. Le mur latéral de la nef est ornée de trois demi-colonnes de 0m80 de diamètre, espacées entre elles de 4m50. Ces demi-colonnes, qui supportaient les arcs doubleaux, sont surmontées de chapiteaux très-simples, simulant deux feuilles symétriques dont les pointes s'évasent au-dessous de l'abaque du chapiteau.

Le territoire de Tornac, aujourd'hui simple annexe de la paroisse d'Anduze, était autrefois partagé en deux paroisses de l'archiprêtré d'Anduze ; l'une, du titre de *Saint-Pierre-de-Sivignac*, l'autre de *Saint-Baudile-de-Tornac*.

L'église de Saint-Pierre-de-Sivignac, aujourd'hui convertie en magasin à fourrage, et qui appartient à M. Coulomb, de La Roque, a donné son nom au hameau dit de l'*Eglise*, qui fait partie de la commune de Tornac. Avant la Révolution, cette paroisse était régie par un vicaire perpétuel, que l'évêque d'Alais instituait, sur la présentation du prieur de Tornac.

Outre le hameau de Sivignac, cette paroisse comprenait aussi le territoire de Massillargues, où souvent le curé résidait (1).

L'église Saint-Pierre-de-Sivignac est construite en pierres de taille de grand appareil, provenant des carrières oxfordiennes d'Hortoux, situées à 800 mètres environ de l'édifice.

Le portail est semblable à celui de l'église Saint-Baudile de Tornac, décrite ci-après. L'unique nef qui compose la chapelle présente, en plan et intérieurement, un parallélogramme de 12m25 de longueur sur 6m15 de largeur, entouré de murs de 1m50 d'épaisseur et précédant une abside demi-circulaire de 5m25 de diamètre.

L'église de Saint-Baudile était aussi régie par un vicaire perpétuel, également nommé par le prieur du monastère de Tornac. Cette église, située à trois cents mètres au levant des bâtiments du prieuré, est fort belle encore, malgré les attaques qu'elle a subies. Dégradée au XVIe siècle ; réparée vers 1660, elle fut incendiée par les Camisards, en décembre 1702. Elle ne fut pas vendue pendant la Révolution et elle sert encore au culte catholique.

C'est sur sa façade que l'église de Saint-Baudile a été le plus éprouvée, et son clocher abattu a été remplacé depuis par une petite arcade moderne à plein cintre, qui supporte une cloche.

L'édifice est tout entier construit en pierres de taille de moyen appareil provenant, comme celle de l'église du prieuré, des carrières de la Madeleine.

Le vaisseau de l'église présente, en plan, une nef unique dont la longueur, mesurée intérieurement, a 16m72, en y comprenant la profondeur de l'abside, décrite d'un rayon de 1m90. Sa largeur est de 5m25. La voûte, à plein cintre et en berceau, est divisée en deux parties égales par un arc-

---

(1) E. Goiffon, *Dictionnaire topographique, statistique et historique du diocèse de Nîmes,* p. 335.

doubleau supporté sur des pilastres carrés, auxquels correspondent extérieurement des contreforts peu saillants.

Le portail est aussi à plein-cintre, et son archivolte ornée d'un simple tore.

Une petite sacristie, construite en même temps que l'église, fait saillie extérieurement à l'aspect du midi, sur le restant de l'édifice et dans l'intérieur du cimetière ombragé par des cèdres et des cyprès.

L'église de Saint-Baudile est, comme celle de Saint-Etienne, orientée canoniquement, du couchant au levant. Sa portion la plus remarquable est la partie extérieure de l'abside, admirablement conservée. Deux fenêtres à plein-cintre s'ouvrent symétriquement sur les deux côtés de cette abside, et une troisième au sommet. La corniche demi-circulaire est soutenue par ce même ornement denticulé que nous avons signalé sur le portail et la façade de l'église du prieuré, et par de légers modillons surmontés d'arcatures à plein-cintre, qui font saillie sur l'appareil inférieur, et supportent la partie supérieure de la corniche, à laquelle ils communiquent une élégance et une grâce exceptionnelles.

Le prieuré bénédictin de Tornac, qui portait primitivement le titre de *Saint-Etienne*, prit plus tard le double vocable de *Saint-Etienne* et *Saint-Sauveur*. Il était à la collation de de l'abbé de Cluny. Quinze moines en faisaient le service et comptaient parmi eux quatre dignitaires : le prieur, le sacristain, l'infirmier et le camérier, (1) qui était en même temps prieur d'Anduze (2).

---

(1) Camérier ou chambrier (*camerarius*), dignitaire qui, dans certains ordres monastiques, régissait les biens du couvent, percevait ses revenus et veillait aux approvisionnements.

(2) Par un acte de vente du 3 avril 1398, Bernard-Pelet IV, coseigneur d'Alais, et son fils Guy Pelet, cèdent, par l'intermédiaire de

Les bénéfices d'Anduze, de Saint-Nazaire-des-Gardies (1), du Colombier (2), de Boisset (3), de Soca (4) et de Vabres (5) dépendaient du prieuré de Tornac (6). D'après la

---

Barthelemy de Vabres, prieur de Saint-Étienne-d'Anduze et camérier du monastère de Tornac, à Jean de Murols, seigneur de Moissac (Lozère), diverses redevances et droits seigneuriaux qu'ils possèdent dans la paroisse de Notre-Dame-de-Valfrancesque, autrement dite Moissac. (G. Charvet, *Mémoires de la Société Scientifique et littéraire d'Alais*, t. Ier, année 1869, p. 98-99). — Le 29 mars 1705, Pierre Soreille, prêtre de l'église de Tornac, ayant eu son église brûlée par les rebelles, prend possession de l'église Saint-Étienne-d'Anduze. (Archives de Me Bastidon, notaire à Anduze, 1705, fol. 297). — Le 8 août 1707, prise de possession de l'église Saint-Pierre-de-Tornac, par Jean-Baptiste Géron, du diocèse d'Angoulème. (Archives de Me Bastidon, notaire à Anduze, 1707, fol. 539).

(1) Saint-Nazaire-des-Gardies, commune du canton de Sauve. Le prieuré-cure de cette paroisse était uni, ainsi que celui de Canaules, son annexe, au prieuré commendataire de Tornac, et valait 3.500 livres. — Lors de la construction du chemin de fer d'Alais à Quissac, on a trouvé, dans les ruines de la chapelle rurale de Saint-Nazaire, à la tranchée de la gare de Canaules, un fragment d'une roue fulgurante en calcaire dur.

(2) Le Colombier, ferme de la commune de Boisset et Gaujac. — «Territorium de Cymiterio Judeorum, sive de Arbusseto, in parrochia de Buxetis; Columberium vocatum del Arbosset, in parrochia de Buxetis.» (E. Germer-Durand, *Dictionnaire topographique du Gard*, p. 61.

(3) Boisset, hameau de la commune de Boisset-et-Gaujac, dans le canton d'Anduze.

(4) Soca, cette localité nous est inconnue ; ne serait-ce point une altération du nom de Coutach ?

(5) Vabres, commune du canton de La Salle.

(6) « Prioratus de Andusia, Nemausensis diocesis ; prioratus Sancti-Nazarii-de-Gardiis, Nemausensis diocesis ; prioratus de Columberiis, Nemausensis diocesis ; prioratus de Buxeriis alias de Buxetis, unitus de novo mensæ prioris de Tornaco ; prioratus de Soca, et prioratus de Vabres. » (*Bibliotheca Cluniacensis*, col. 1731).

règle, on chantait, à Tornac, trois grand'messes par jour, et on y faisait continuellement l'aumône (1).

La forêt de Coutach, qui couvrait autrefois la chaîne montagneuse qui domine la ville de Sauve et le cours du Vidourle, appartenait, dit-on, jadis, au prieuré de Tornac.

Le château de Calviac, — commune de La Salle, — relevait aussi en fief franc et honoré du prieuré de Tornac, comme il sera rapporté ci-après, dans divers hommages rendus aux prieurs du monastère, par les seigneurs de ce domaine.

*
* *

Par sa bulle du 10 décembre 1156, précédemment citée, le pape Adrien IV avait confirmé les privilèges de l'église de Nimes, en faveur d'Adalbert d'Uzès, évêque de cette ville de 1141 à 1182 (2). Parmi les possessions énumérées dans cette bulle on trouve l'abbaye de Cendras et le monastère de Tornac (3).

Un diplôme de Louis-le-Jeune, daté de Melun, l'année suivante (1157), ratifia ces mêmes priviléges et reconnut à Adalbert toute autorité sur les monastères de Psalmodi, de Cendras et de Tornac (4).

---

(1) E. Goiffon, *Dictionnaire topographique statistique et historique du diocèse de Nimes*, p. 877. — *Bibliotheca Cluniacensis*, précédemment citée ci-dessus, p. 10, note 2.

(2) Raymond-Décan, seigneur d'Uzès et de Posquières, avait épousé Marie (de Posquières). Il mourut en kalendes d'août (30 août) 1138. Quatre de ses enfants furent évêques : 1° Adalbert, évêque de Nimes, de 1141 à 1182 ; 2° Raymond, évêque d'Uzès, de 1150 à 1188 ; 3° Pierre, évêque de Lodève, de 1157 à 1161 ; 4° Raymond, évêque de Viviers, de 1158 à 1160 (Voir G. Charvet, *La première maison d'Uzès*, p. 64-65).

(3) E. Germer-Durand, *Cartulaire de Notre-Dame de Nimes*, charte CCXIII, p. 337.

(4) *Histoire générale de Languedoc*, édit. Privat, t. V, charte DV, col. 1209 et 1210.

Le 17 mars 1174 (1175), Bernard II d'Anduze (1) faisant hommage à Adalbert d'Uzès, évêque de Nimes, pour divers châteaux qu'il tenait de lui en fief, ainsi que pour la garde et la défense qu'il avait, du monastère de Tornac, s'exprime en ces termes :

« Aus tu Aldelbert, fil de Maria, bispe de Nemse, d'aquesta hora adenant, eu Bernard d'Andusa, fil d'Azalaiz, tos fidelz serai sens egau com om deu esser de son segnor, e ton cors non requerrai ab forfag ni sens forfag ; e aitoris ti serai contra totz omes, eissetz de mos omes naturals, que, a dreg te, poirai aver, Et qui, la gleiza de Sancta Maria de Nemse, ni las maisons avescals, ni la clastra dels cannonegues, nil castel de San Marzal, ni la villa de Garonz om te tollia, aitoris t'en serai, per totas las sadons que m'en comonras, per te o per ton messatgue, ni non esquivarai que non posca esser somons per te o per ton messatgue, per aquetz sans Evangelis, per fe e sens engan, aisi to attendrai. Et regonosc que tene a feu, del bispe de Nemse, lo castel de Monpesat, el castel de Lecas, el castel de San Bonet, el segnorieu que pertang al castel et al mandament del castel, et la garda et la defension qu'eu ai el Monestier de Tornac, el molin de Magal, et totz los mases que eu ai, ni om a de me, en Salaves e en Andusenc, que tu trobas en tas cartas antigas (2). »

« Écoute, Adalbert, fils de Marie, évêque de Nimes : Dorénavant, moi Bernard d'Anduze, fils d'Azalaïs, je te serai absolument fidèle et sans réserve, comme un vassal doit l'être à l'égard de son seigneur ; et je ne saisirai ton corps ni par forfaiture ni autrement ; et je te soutiendrai contre tous, aidé de mes vassaux naturels que, au droit de toi, je pourrai

(1) Bernard II d'Anduze, fils de Bernard Ier dit le Viel et d'Azalaïs.

(2) *Histoire générale de Languedoc*, édit. Privat, t. VIII, charte 20-XIX, § III, col. 303-304.

avoir. Et si quelqu'un veut te prendre soit l'église Sainte-Marie de Nimes, soit les maisons épiscopales, soit la maison claustrale des chanoines, soit le château de Saint-Martial (1), soit la ville de Garons (2), je viendrai à ton aide en tout temps où tu m'en aviseras, de vive voix ou par écrit ; et je n'éluderai aucun des ordres que tu pourras me donner, soit de vive-voix, soit par message ; et ainsi ferai-je, de bonne foi et sans trahison, je le jure sur ces saints Evangiles.

« Et je reconnais que je tiens en fief, de l'évêché de Nimes, le château de Montpezat, (3) le château de Lèques (4) et le château de Saint-Bonet (5), et la seigneurie qui appartient au château et au mandement du château, et la garde et la défense que je possède, du monastère de Tornac et du moulin de Magail (6), et toutes les métairies que j'ai ou que tout homme tient de moi dans les pays de Sauve et d'Anduze (7), ainsi qu'il est contenu dans les anciennes chartes. »

---

(1) Saint-Martial, commune du canton de Sumène, arrondissement du Vigan.

(2) Garons, commune du canton de Nimes.

(3) Montpezat, commune du canton de Saint-Mamert, arrondissement de Nimes.

(4) Lèques, commune du canton de Sommières. Le baron Abdias Chaumont de Bertichères, seigneur de Lèques, joua un rôle important dans les guerres religieuses du Bas-Languedoc, à la fin du XVIme siècle.

(5) Saint-Bonet-de-Salindrenque, commune du canton de La Salle, arrondissement du Vigan.

(6) Magail ou Magaille, ferme et moulin, situés sur le Vistre, dans le territoire de Nimes.

(7) Le *Salavès* et l'*Andusenque*, — pays de Sauve et d'Anduze. Le Salavès comprend la région supérieure de la vallée du Vidourle, qui, au XIIIme siècle, forma la majeure partie de la viguerie de Sommières. — L'Andusenque formait une des subdivisions de la *Gardonenque*, *Vallis Gardonica*. (Voir G. Charvet, *Les voies romaines chez les Volkes Arékomikes*, p. 60).

***

Par un acte d'échange passé, le 16 août 1269, entre Philippe de Saulx, sénéchal de Beaucaire, agissant au nom du roi saint Louis, d'une part, et l'évêque de Nimes Raymond II Amalric, d'autre part, l'évêque céde au roi tous les droits qu'il posséde sur les châteaux de Montpezat, de Lecques et de Saint-Bonet ; sur la garde du monastère de Tornac et du moulin de Magail, et sur toutes les métairies que Bernard II d'Anduze avait possédées dans les pays de Sauve et d'Anduze, et dont il avait fait hommage à l'évêque Adalbert d'Uzès, le 19 mars 1175.

L'évêque reçut, en échange, la somme de vingt livres tournois de rente annuelle sur le village de Bezouce et ses dépendances, ainsi que sur les domaines d'alentour, qui avaient autrefois appartenu aux vicomtes de Nimes (1).

***

Ménard et les frères de Sainte-Marthe (2) mentionnent comme *administrateurs* de l'évêché de Nimes, de 1391 à 1393, Pierre Girard, cardinal et évêque du Puy, désigné par le pape Clément VII, pour régir provisoirement l'évêché de Nimes (3).

Les auteurs de la nouvelle édition de l'*Histoire Générale du Languedoc* (4), s'inspirant de l'opinion émise par ceux du *Gallia Christiana* (5), pensent, au contraire, que ce prélat,

---

(1) L. Ménard, *Histoire de la ville de Nimes*, t. I, p. 341-342 et preuves, charte LXVI, p. 91, col. 1.

(2) L. Ménard, *Histoire de la ville de Nimes*, t. III, note VI.

(3) L. Ménard, *Histoire de la ville de Nimes*, t. III, p. 78.

(4) *Histoire générale de Languedoc*, édit. Privat, t. IV, p. 280, col. 2.

(5) *Gallia Christiana*, t. VI, col. 454.

qui fût successivement évêque de Lodève, du Puy et d'Avignon, ne doit point être admis dans le catalogue des évêques de Nimes. Ils en donnent pour raison que ce personnage était déjà évêque du Puy dès 1386.

Il est vrai que le chapitre de la cathédrale de Nimes avait élu Gilles de Lascours, en 1391, comme successeur de Bernard V de Bonneval, au siége de cet évêché ; mais on sait que Clément VII ne fut jamais partisan des élections capitulaires ; et, d'ailleurs, Gilles de Lascours n'ayant pris, en réalité, possession du siége de Nimes qu'à la fin de l'année 1393, il n'est guère admissible que cet évêché soit resté trois ans sans administrateur. Quoiqu'il en soit, Pierre Girard peut fort bien avoir régi provisoirement l'évêché de Nimes pendant trois ans, sans avoir été pour cela investi du titre d'évêque de cette ville.

D'après le *Gallia*, Pierre Girard aurait obtenu, en 1410, l'érection du monastère de Tornac en prieuré conventuel (1). Mais, d'un autre côté, les nouveaux éditeurs de l'*Histoire du Languedoc* prétendent que ce monastère avait déjà le titre de prieuré conventuel dès le milieu du XIIe siècle (2).

Nous donnerons de plus amples détails sur Pierre Girard dans le catalogue qui suit des prieurs de Tornac.

*
* *

Le prieuré de Tornac fut ruiné, au XVIe siècle, par les guerres religieuses. Il n'en resta que les quelques vestiges que l'on voit encore aujourd'hui, et le service n'en fut jamais entièrement repris (3).

---

(1) *Gallia Christiana*, t. VI, col. 519.

(2) *Histoire générale de Languedoc*, édit. Privat, t. IV, p. 718, col. 2.

(3) E. Goiffon, *Dictionnaire topographique statistique et historique du diocèse de Nimes*, p. 877.

Les *Mémoires* de Basville nous apprennent que le prieuré de Tornac donnait, au XVIIme siècle, un revenu de 3,500 livres (1).

***

On sait aujourd'hui qu'Antoine Cavalier, père du célèbre chef protestant, était originaire de Tornac, et qu'il ne quitta ce pays que pour se marier avec Elisabeth Granier, du mas Roux et s'établir ainsi dans la commune de Ribaute, où, le 28 novembre 1681, naquit son second fils Jean Cavalier (2).

A la suite d'un échec éprouvé dans le voisinage de Lussan, vers la fin du mois d'octobre 1703, les Camisards s'étaient repliés sur Anduze et Tornac, dont le château appartenait alors à M. de La Fare.

« Le château de Tornac, écrit Mme de Merez , est sur une éminence ; et, comme M. de Tornac n'estoit pas logé commodément là-haut, il fit bastir une très-belle maison en bas où il y a un beau jardin et toutes les commodités possibles (3). Cependant, dans ce temps malheureux, il a abandonné la maison basse pour habiter le château.

» Un jeune fils de M. le marquis de Tornac, qui a déjà pris le petit collet, fut un jour se promener en bas dans les jardins ; il aperçut un homme d'une mine fort extraordinaire qui l'aborda, luy disant de ne rien craindre, qu'il estoit Cavalier. Ce jeune homme pâlit et cherchoit à fuir ; il lui dit : « Rassurez-vous, il ne vous sera fait aucun mal par moy ny aucun de ma troupe ; je veux seulement faire un tour de jardin avec vous. »

---

(1) Mémoires de Basville, tableau, p. 63.

(2) G. Charvet, *Jean Cavalier*, nouveaux documents inédits, p. 5.

(3) Cette habitation plus récente, qui porte aussi la dénomination de *château*, fait aujourd'hui partie d'un hameau composé de sept à huit maisons, y compris une filature. Elle appartient actuellement à Mme veuve Silhol.

L'abbé de Tornac ne pouvant avancer le pas, non plus qu'ouvrir la bouche, Cavalier, voyant son trouble, « luy assura qu'il estoit son serviteur, et à toute sa maison qu'il estimoit, et avoit toute la considération possible pour M. le marquis de Tornac ; qu'il pouvoit estre asseuré qu'il ne seroit jamais fait aucun dommage dans ses terres, mais qu'il l'avertissoit de ne pas se servir d'escorte, lorsqu'il se mettoit en campagne, qu'il allât seul en toute seureté ; qu'il luy donnoit ce conseil, parce qu'il estoit résolu d'attaquer les escortes et qu'il ne pouvoit pas luy respondre de ce qui se feroit dans la meslée.

» Dès que l'abbé de Tornac fut remonté au chasteau, M. son pére et tous ceux qui luy parlèrent avoient peine à croire ce qu'il disoit ; mais les sentinelles du chasteau virent là-bas une troupe prodigieuse de camisars qui délogèrent sans faire aucun dégat. On eut peine à faire revenir M. l'abbé, si fort il estoit effrayé du visage de Cavalier : il est au lit malade (1). »

Le 20 décembre suivant (1703), une rencontre eut lieu, dans la plaine de Tornac, entre les camisards et les troupes royales commandées par de La Haye, gouverneur de Saint-Hippolyte. Le combat, qui se livra près de l'ancien monastère, fut tout à l'avantage des camisards.

« M. de La Haye, gouverneur du fort de Saint-Hippolyte, dit Mme de Merez, voulant escorter quatre compagnies de fusiliers, prit avec luy cent cinquante grenadiers du régiment de Haynaut et autant de dragons : avec cela, il se croyoit assuré de marcher jusqu'à Anduze. Les camisars vinrent se présenter à eux en grand nombre, jusqu'à présent

---

(1) Mme Demerez, *Journal des Camisards*, lettre du 16 novembre 1703, p. 41. — Le P. Louvreleuil, mentionnant cette aventure, dit que l'abbé de Tornac, surpris à la chasse par les camisards, aurait été amené à Roland et non pas à Cavalier (Louvreleuil, *Le fanatisme renouvelé*, t. II, p. 163).

on n'a pas su dire combien , — mais il est constant que , quand mesme cette maudite troupe eut été de cinq ou six cents, comme on le croit, M. de La Haye, brave et entendu comme il l'est, les eust taillés en pièces, si les quatre compagnies de fusiliers eussent fait ferme comme les grenadiers ; mais la peur les ayant saisis , ils lâchèrent pied et grimpèrent dans le chateau de Tornac , où ils s'enfermèrent très-bien ; et il est de croire que les camisars en avoient déjà abattu quelques cent : c'est ce qui donna tant d'épouvante aux autres. Les grenadiers montrèrent bien leur courage en faisant feu de toutes parts, M. de La Haye fit paroistre une valeur extraordinaire , et sa bonne conduite le tira de ce mauvais party.

» C'est une affaire dont on n'a point voulu parler hautement, y ayant eu bien du désavantage ; aussi ne dit-on pas le nombre des morts. On publie, depuis quelques jours, que nos braves ont tué cinquante camisars ; on ne dit pas certainement le nombre des nostres. On en porta deux chariots de blessés à Anduze , pour les faire panser ; nous ne sçaurions pas mesme ce que je vous dis, si quelques paysans qui virent d'assez loin ce qui s'est passé et la déroute des fusiliers, ne nous l'avaient appris. Ce sont de misérables troupes que ces compagnies ; la province s'épuise pour les entretenir et elles ne luy sont d'aucun secours. Il n'en faut pas estre surpris : ceux à qui l'on donne ces compagnies sont des gens du pays qui enrollent des marmailles et des hommes qui se dispensent par là d'aller plus loin et hors de leurs foyers : ils en ont aussi meilleur compte ; mais à la première occasion, on n'est que trop convaincu de leur lâcheté.

» J'oubliois de vous dire ce que M. de La Haye a escrit icy à un de ses amis : il luy dit : « Vous me connoissez pour un » ancien officier qui est accoutumé, comme vous sçavez , à » voir le feu de bien près et à faire ferme, dans les périls » extrêmes de ma vie, mais je puis vous protester que je n'ai » jamais tant risqué que dans cette occasion. » Il est certain que la fermeté, sans avoir aucun lieu pour se retrancher , donna la chasse à ces malheureux. Que n'eut-il pas fait, s'il eût esté secondé des fusiliers ? (1). »

***

Le prieuré de Tornac, acquis, sous la Révolution, par MM. Vallat et Laune, fut vendu, le 31 décembre 1864, par M. Edouard Laune, fils, directeur de la condition des soies à Nimes, à M. Numa Charles, qui le possède aujourd'hui.

C'est actuellement une maison de campagne, attenante à une maison de ferme, et le propriétaire actuel a respecté, avec intelligence, et autant qu'il lui était possible de le faire, les restes remarquables de l'ancien monastère et les témoignages irrécusables de son antique origine.

G. CHARVET.

---

(1) Mme Demerez, *Journal des Camisards*, lettre du 4 janvier 1704, p. 54-55.

CATALOGUE ANALYTIQUE

DES

PRIEURS DE TORNAC

On ne connaît, nominativement, aucun des prieurs qui ont régi le monastère de Tornac, depuis son origine jusqu'à la fin du XIIme siècle.

I. — BERTRAND (1180).

Bertrand, premier prieur connu de Tornac, acquiert, en 1180, de Guillaume IV, abbé de Psalmodi, diverses possessions territoriales (1).

*
* *

De la fin du XIIme siècle, à l'année 1219, tous les prieurs de Tornac sont désignés sous le prénom de Guillaume, sans autre dénomination.

*
* *

II. — GUILLAUME DE LÈQUES (1219-1225) (2).

Guillaume de Lecis ou de Lecas apparait dans divers actes des archives du château de Saint-Privat-du-Gard. C'est sans

(1) *Cartulaire de l'abbaye de Saint-Victor de Marseille*, t. II, p. 594.

(2) Lèques, commune du canton de Sommière (Gard).

doute le même qui, sous le nom de Guillaume Legaz, signe, comme témoin, une charte concernant le Vigan, publiée dans le cartulaire de l'abbaye de Saint-Victor.

Le 12 des kalendes d'avril 1224 (21 mars 1225), Bertrand, archidiacre de Nimes, et Guillaume [de Lèques], prieur de Tornac, prononcent une déclaration du Pape, qui oblige l'abbé d'Aniane a assister au synode de Maguelone (1).

III. — PIERRE I DE MONTUSARGUES (1244-1264).

En 1244, Raymond I d'Alayrac, seigneur de Calviac, fait hommage à Pierre de Montusargues, (2) pour les trois quarts de la seigneurie de Calviac. — Le 4 des kalendes de mars 1260 (26 février 1261), le même Raymond I d'Alayrac, héritier de sa femme Odoarde, fait hommage, au même prieur, pour le château de Calviac et ses dépendances (3).

IV. — RAYMOND I DE BARJAC (1268-1276).

Il apparaît dans divers actes des archives de Saint-Privat-du-Gard.

V. — GUIDON PARIS (1280-1283).

Il apparait dans divers actes des archives de Saint-Privat-du-Gard.

VI. — GUICHARD DE LUZARCHES (1288).

Il apparaît dans divers actes des archives de Saint-Privat-du-Gard.

---

(1) Al. Germain, *Arnaud de Verdale*, p. 123 et pièces justificatives, document XXVI, p. 218 et 223.

(2) Montuzorgues ou Montuzargues (*Montusanicis*), ferme de la commune de Durfort, canton de Sauve.

(3) G. Charvet, *Mémoire historique et généalogique sur la maison des Ours*, p. 74 et archives du château de Calviac, communiquées par M. de Marveille.

VII. — IMBERT D'ANTHON (1294-1296).

Il apparaît dans divers actes des archives de Saint-Privat-du-Gard.

VIII. — ALBERT DE SALUCE 1300 (?).

En 1331 apparaît, comme témoin, dans un acte des archives de Saint-Privat-du-Gard, un Albert de Saluce, qualifié du titre d'*ancien prieur de Tornac* ; nous avons cru devoir le placer entre Imbert d'Anthon qui précède, et Guillaume II des Gardies qui suit.

IX. — GUILLAUME II DES GARDIES (1307-1333).

Le jour des ides de février 1313 (13 février 1314) Pierre d'Alayrac, fils de Raymond II, chevalier, seigneur d'Aigremont, fit hommage à Guillaume des Gardies, prieur de Tornac (1).

Guillaume des Gardies eut un compétiteur, Foulques de Melcœur ou de Melcour (*Fulconis de Milicuria*), au nom de qui des actes ont été dressés en 1317.

X. — BÉRENGER DE CADOÈNE (1336-1352).

Ce prieur apparait dans divers actes des archives de Saint-Privat-du-Gard.

XI. — RAYMOND II RABASSE (1366-1392).

Le 28 décembre 1366, Pons I d'Alayrac, chevalier, seigneur d'Aigremont, fait hommage à Raymond Rabasse, prieur de Tornac, des trois-quarts du domaine de Calviac, sous l'al-

(1) G. Charvet, *Mémoire historique et généalogique sur la maison des Ours*, p. 75 et archives du château de Calviac, communiquées par M. de Marveille.

bergue de 16 sols tournois. Il est spécifié dans l'acte que la quatrième partie de Calviac appartient aux enfants de Brémond de Mandajors, damoisel (1).

Ce Raymond Rabasse est peut-être le même qui est cité dans un acte du *Cartulaire de Remoulins*, (2) du 18 novembre 1276, comme prieur de *Coardo* (?) ; mais il y aurait alors lieu d'admettre que cette copie de l'acte original offre une erreur de date de cent ans et que *Coardo* y est mis pour *Tornaco*.

XII. — JEAN I MAURAN (1396).

Le 27 janvier 1395 (1396), Jean Mauran, prieur de Tornac, confirme à diverses personnes la cession d'une pièce de terre (3).

XIII. — PIERRE II GIRARD DU PUY (1393-1411).

Pierre Girard, né à Saint-Symphorien-le-Châtel (4), dans le Forez, était licencié ès-lois et archidiacre de Bourges dès le 9 février 1373 ; clerc de la chambre apostolique en 1377 ; chanoine d'Autun, grand pénitencier de Clément VII en 1380. Il fut ensuite prévôt de Marseille et nommé, par ce pape, à l'évêché de Lodève, non en 1380, selon l'opinion commune, mais le 22 octobre 1382. Il fut transféré à l'église du Puy le 15 juillet 1385 (5).

Clément VII l'employa en qualité de nonce apostolique, et il était encore évêque du Puy, quand ce pape le créa, le

---

(1) G. Charvet, *Mémoire sur la maison des Ours*, p. 75 et archives du château de Calviac.

(2) G. Charvet, *Cartulaire de Remoulins*, p. 29.

(3) Minutes du notaire Tilgar, d'Anduze, fol. 38, verso, communiquées par M. Gontier.

(4) Du Chesne, *Histoire des cardinaux français*, t. I, p. 711.

(5) *Histoire générale de Languedoc*, édit. Privat, t. IV, p. 293, col. 1.

17 octobre 1390, cardinal-prêtre du titre de Saint-Pierre-aux-Liens, ce qui le fit dénommer cardinal du Puy — *cardinalis Aniciensis,* — ou plus simplement Pierre du Puy, que l'on traduisait vulgairement par *Petrus de Puteo,* bien que correctement l'on eût dû dire *de Podio* (1).

Comme nous l'avons dit précédemment (2), Ménard et les frères de Sainte-Marthe indiquent Pierre Girard comme administrateur de l'évêché de Nimes de 1391 à 1393, opinion partagée par M. l'abbé E. Goiffon (3).

Ce prélat ayant été créé, en 1390, cardinal-prêtre du titre de Saint-Pierre-aux-Liens, avait dû, à cette époque, s'installer à Avignon, et il n'y a rien d'excessif à supposer qu'il ait pu être appelé à régir provisoirement l'évêché de Nimes, de 1391 à 1393.

Il fut prieur de Tornac à partir de 1393.

Benoît XIII le nomma évêque de Tusculum et grand pénitencier du siége apostolique en 1402.

Dans la suite, il abandonna le parti de Benoît XIII, pour embrasser celui d'Alexandre V et de Jean XXIII. Il n'en conserva pas moins la pourpre, l'évêché de Tusculum et la grande pénitencerie.

Pierre Girard fut non-seulement prieur de Tornac, mais encore d'une foule d'autres églises, comme l'indiquent son testament du 17 novembre 1410 et son codicille du 12 décembre 1413 (4).

---

(1) Renseignements communiqués par notre savant ami, M. Augustin Canron.

(2) Voir ci-dessus, p. 20 et 21.

(3) E. Goiffon, *Catalogue des évêques de Nimes*, p. 43.

(4) Du Chesne, *Histoire des cardinaux français*, t. II, p. 545 et suivantes. — Voir aussi, sur Pierre Girard, la brochure de M. A. Canron, *Pro domo meâ et meis*, réponse à l'abbé Albanès, p. 12-15.

On lit, sur ce dernier document, la clause suivante :

« Item donamus, legamus et concedimus pro reparationibus ædificiorum ecclesiæ et hospitii nostri prioratus conventualis de Tornaco, Cluniacensis ordinis, Nemausensis diœcesis, summam XL francorum auri semel solvendorum (1). »

Dans les dernières années de sa vie, Pierre Girard paraît avoir administré l'évêché d'Avignon. Il mourut dans cette ville le 9 septembre 1415 (2).

XIV. — JEAN II BURDET (1415-1417).

Il est mentionné dans divers actes des archives de Saint-Privat-du-Gard.

XV. — JEAN III VILATE (1417-1421).

Il est mentionné, comme le précédent, dans divers actes des archives de Saint-Privat-du-Gard.

XVI. — ARMAND DRACON DE POMPEIRAN (1439-1448).

Le 9 mars 1439, Pons II d'Alayrac, seigneur d'Aigremont, fait hommage à Armand Dracon de Pompeiran, prieur de Tornac, des trois parties de Calviac qu'il possède, la quatrième partie appartenant à Pierre de Mandajors, fils de Grimoard (3).

Le 2 juin 1440, Pierre de Mandajors fait hommage de la quatrième partie de Calviac au même prieur de Tornac (4).

---

(1) Du Chesne, *Histoire des cardinaux français*, t. II, p. 57, et *Gallia Christiana*, t. VI, col. 519.

(2) Baluze, *Vit. pap. Avenion.*, t. I, p. 1.388

(3) G. Charvet, *Mémoire sur la maison des Ours*, p. 75 et archives du château de Calviac.

(4) G. Charvet, *Mémoire sur la maison des Ours*, p. 75.

XVII. — GUILLAUME III DRACON DE POMPEIRAN (1459-1490)

Le 23 avril 1466, Claude d'Alayrac fils de Pons III, vend à Miranda de Pierres-Besses, femme de Légier Alamand, de la ville de Mende, une partie des censives attachées au château de Calviac, se réservant le château et le domaine, ainsi que toutes les directes se mouvant en arrière-fiefs du monastère de Tornac. Le prieur Guillaume III ratifia cette vente, sous réserve de ses droits (1).

Le 10 juin suivant, le même Claude d'Alayrac vendit définitivement aux précédents le château de Calviac et ses dépendances, et le 11 août 1486, Légier Alamand et sa femme revendirent à leur tour ce domaine à Claude de Montfaucon, gouverneur du pays d'Auvergne et baron d'Alais et de Vèzenobre (2).

XVIII. — JACQUES DE LA TOUR-SAINT-VIDAL (1505-1509).

Il apparaît dans quelques actes des archives du château de Saint-Privat.

Du temps de ce prieur, le 16 avril 1509, Pierre de Montfaucon, fils de Claude, vendit à Jeanne de Montfaucon, sa sœur, femme de Louis de Lacroix, baron de Castries, la terre de Calviac et ses dépendances, sous réserve des droits du prieuré de Tornac.

XIX. — LUÇON RICARD (1523-1524).

Le 5 décembre 1524, Jeanne de Montfaucon, veuve du baron de Castries, vendit à Antoine des Ours, licencié en droit et prieur de l'église de Saint-Sauveur, de Montpellier,

(1) G. Charvet, *Mémoire sur la maison des Ours*, p. 75, note 2 et notes communiquées par M. Louis des Hours.

(2) G. Charvet, *Mémoire sur la maison des Ours*, p. 76.

et à Jacques des Ours, son frère, le château de Calviac et ses dépendances, ainsi que les censives que ladite dame ou ses devanciers percevaient sur les paroisses de Saint-Félix-de-Paillères, Vabres, Thoiras, Saint-Bonet-de-Salindrenque, Colognac, Soudorgues et La Salle. Les droits du prieuré de Tornac furent réservés (1).

XX. — HUGUES DE MONTCALM (1525-1529)

Il apparaît dans divers actes des archives du château de Saint-Privat.

XXI. — CLAUDE DE VICHY (1537-1568).

Le 4 octobre 1541, Jean des Ours, *senior*, agissant tant en son nom qu'en celui de son neveu Michel des Ours, fils de Jacques et seigneur de Calviac, fit, devant le sénéchal de Beaucaire, le dénombrement de son château de Calviac, et déclara le tenir en fief franc et honoré du prieur de Tornac.

Le 13 décembre 1550, Claude de Vichy, prieur de Tornac, baille, à titre d'investiture, à Pierre Falaguière de La Salle, certaines acquisitions faites, par ce dernier, de Pierre des Ours, seigneur de Calviac, et relevant en fief du prieuré de Tornac.

XXII. — JACQUES II GUIBAL (1570-1573).

Ce prieur apparaît dans divers actes des archives de Saint-Privat. Il meurt à Montpellier, en juillet 1573.

XXIII. — GASPARD DE CAMBOUX (1591).

Il est mentionné dans un acte des archives du château de Saint-Privat.

---

(1) G. Charvet, *Mémoire sur la maison des Ours*, p. 65 et 76.

XXIV. — ANTOINE DE CROZE. (1598-1608).

Sous le priorat de ce dignitaire, Jean Carcuas impétra sur lui le bénéfice de Tornac, en jouit quelques années et fit réparer l'église et le monastère. Mais un arrêt du Grand-Conseil, rendu en 1606, maintint Antoine de Croze en possession du bénéfice, qu'il résigna, en 1608, à Jacques Vaubelle, moine de Tornac.

XXV. — JACQUES III VAUBELLE (1608-1633.)

Le 3 mars 1614, Louis I et Claude des Ours, seigneur de Calviac, font hommage à Jacques Vaubelle ou Valbelle, prieur de Tornac, du château de Calviac et de ses dépendances (1).

Le 29 mars 1633, Jacques Vaubelle résigna en faveur de François de Machault, moyennant une pension de 2,700 livres, qu'il réduisit ensuite à 600 livres.

XXVI. — FRANÇOIS DE MACHAULT (29 mars 1633-30 août 1633).

Ce prieur mis en possession du prieuré de Tornac, le 29 mars 1633, par résignation de Jacques Vaubelle, étant au noviciat des pères Feuillantins, au village de Plessis-Piquet-lez-Paris, résigna son prieuré de Tornac, le 30 août 1633, en faveur de Louis de Machault.

XXVII. — LOUIS I DE MACHAULT (1633-1673).

Louis de Machault, aumônier du roi et son conseiller au Parlement de Paris, permuta, en 1640, avec Denis de Cohon, évêque de Nimes, le prieuré de Tornac contre celui de Bouvières, dont il prit possession le 7 août 1640. Mais Mgr de

(1) Document communiqué par M. Louis des Hours.

Cohon ne jouit pas longtemps du prieuré de Tornac, dont Louis de Machault était rentré en possession dès l'année suivante. Il s'en démit encore, en 1667, en faveur des Jésuites de Nimes, moyennant une pension de 2,500 livres ; mais ce traité ne paraît pas avoir reçu d'exécution, car Louis de Machault continua à jouir du prieuré, sous la direction du R. P. Charles de Saint-Bonet, jésuite du collége de Nimes, et il le possédait encore à sa mort, survenue en l'année 1673.

*
* *

A la mort de Louis de Machault, le procureur de *Charles d'Aligre*, clerc du diocèse de Paris, conseiller d'État, prit possession du prieuré de Tornac, le 18 juillet 1673, en vertu des provisions à lui accordées, comme indultaire, par le Grand-Archidiacre de Paris, sur le refus du Grand-Prieur de l'ordre de Cluny, après avoir pris possession du prieuré de Saint-Pierre-d'Abbeville, vacant, comme celui de Tornac, par la mort de Louis de Machault. Mais Charles d'Aligre n'eut point le prieuré de Tornac, qui passa à Charles de Machault.

*
* *

XXVIII. — CHARLES DE MACHAULT (1675-1681).

Charles de Machault, chevalier de Saint-Jean-de-Jérusalem, possédait le prieuré de Tornac en 1675 ; il mourut le 27 février 1681, après l'avoir résigné à l'abbé de Sémonville.

XXIX. — L'ABBÉ DE SÉMONVILLE (1681).

XXX. — LAURENT LEMPEREUR (1681-1684.)

Laurent Lempereur était Grand-Prieur de Cluny.

XXXI. — PIERRE DE LAURENS (15 oct. 1684-1686).

Pierre de Laurens était évêque de Belley, et prieur du Saint-Empire.

Le 15 octobre 1684, M. Henri de Laurens, prêtre, abbé, prieur de Rivières, diocèse d'Uzès, demeurant audit Rivières, agissant comme procureur de Pierre de Laurens, évêque de Belley, exposa à dom François Bayet, religieux, prêtre, docteur en théologie, prieur de Vabres, sous-prieur et sacristain du prieuré Saint-Sauveur de Tornac, de l'Ordre de Cluny, que ledit évêque de Belley avait été pourvu du prieuré de Tornac, par le cardinal de Bouillon, abbé de Cluny, chef et supérieur général dudit Ordre, par provision du 26 janvier 1684, et prit possession du prieuré de Tornac, au nom du titulaire (1).

XXXII. — PAUL BAÜYN (1686-1701).

XXXIII. — L'ABBÉ D'AUVERGNE (1701-1709).

L'abbé d'Auvergne résigna, en 1709, en faveur de l'abbé de Murat.

Le 29 mars 1705, Pierre Soreille, prêtre de l'église de Tornac, ayant eu son église brûlée par les rebelles, prend possession de l'église Saint-Étienne, d'Anduze (2).

Le 8 août 1707, Jean-Baptiste Géron, du diocèse d'Angoulême, prend possession de l'église Saint-Pierre de Sivignac (3).

XXXIV. — LOUIS II DE LA TOUR DE MURAT (1711-1719).

Ce prieur prit possession du prieuré en 1711.

---

(1) Archives de l'étude de Me Bastidon, notaire à Anduze ; registre du notaire Gaillère, 1684, fol. 219.

(2) et (3) Étude de Me Bastidon, notaire à Anduze ; archives du notaire Gaillère, 1705, fol. 297, et 1707, fol. 539.

XXXV. — LE PRINCE FRÉDÉRIC-CONSTANTIN DE LA TOUR-D'AUVERGNE (1719-1732).

XXXVI. — PHILIBERT UCHARD (1733-1743).

Ce prieur résigna en 1743, en faveur de l'abbé de Berchère, sacristain du prieuré de Tornac.

XXXVII. — PIERRE III LOUIS LESCUREAU DE BERCHÈRE (1744-1751).

Il était sacristain du prieuré de Tornac. Il permuta, en 1751, avec l'abbé Donnadieu.

XXXVIII. — PIERRE IV DONNADIEU (9 avril 1751-1754).

Il était prêtre, clerc de chapelle ordinaire de madame la Dauphine. Il prit possession du prieuré de Tornac, le 9 avril 1751.

XXXIX. — GUILLAUME IV LOUIS DU TILLET (1754-1777).

Il était prêtre du diocèse de Sens ; d'abord vicaire-général du diocèse de Châlons, puis évêque d'Orange.

XL. — JEAN-SIMON-ÉLISABETH-ARMAND DE BRUNET DE CASTELPERS DE PANAT (1777-1783).

Nîmes. — Imprimerie Jouve, rue Dorée, 24.

www.ingramcontent.com/pod-product-compliance
Ingram Content Group UK Ltd.
Pitfield, Milton Keynes, MK11 3LW, UK
UKHW021120230726
13926UKWH00002B/578

9 782016 141885